思慕雪

人人都会做的美味

郑颖 ◎主编

U0229999

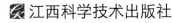

江西科学技术出版社

图书在版编目（CIP）数据

人人都会做的美味思慕雪 / 郑颖主编. -- 南昌 ：
江西科学技术出版社，2017.10
ISBN 978-7-5390-5660-9

Ⅰ．①人… Ⅱ．①郑… Ⅲ．①蔬菜－饮料－制作②果
汁饮料－制作 Ⅳ．①TS275.5

中国版本图书馆CIP数据核字(2017)217872号

选题序号：ZK2017212
图书代码：D17054-101
责任编辑：张旭　肖子倩

人人都会做的美味思慕雪

RENREN DOU HUIZUO DE MEIWEI SIMUXUE

郑颖　主编

摄影摄像	深圳市金版文化发展股份有限公司
选题策划	深圳市金版文化发展股份有限公司
封面设计	深圳市金版文化发展股份有限公司
出　版	江西科学技术出版社
社　址	南昌市蓼洲街2号附1号
	邮编：330009　电话：(0791) 86623491　86639342（传真）
发　行	全国新华书店
印　刷	深圳市雅佳图印刷有限公司
尺　寸	173mm×243mm　1/16
字　数	160 千字
印　张	10
版　次	2017年10月第1版　2017年10月第1次印刷
书　号	ISBN 978-7-5390-5660-9
定　价	35.00元

赣版权登字：-03-2017-304

Preface 序言

　　随着生活水平的逐渐提高，人们对健康和营养饮食要求也越来越高。而在家 DIY 思慕雪不仅营养、安全，也可以享受到生活中的乐趣。

　　利用榨汁机制作思慕雪既方便又简捷。在 DIY 思慕雪时，可以充分发挥想象力，蔬菜、水果、乳制品、豆制品、坚果、干果、香料等相互自由搭配，完全可以按照自己的喜好和需求随意选择，制作出口感更适合自己、更营养健康的果蔬饮品。

　　玻璃杯的可爱外观、环保、易清洁的种种特性，深受人们的喜爱。因此本书倡导大家将近期风靡于都市白领女性的思慕雪，都在玻璃杯中制作，让玻璃杯变身成色彩缤纷、营养丰富的随身小厨房。不管是营养学家，还是外貌控，都会爱不释手。

　　你最近是否感觉无精打采、容易发胖，或者是肌肤暗黄粗糙、身体浮肿……那么请务必试试这神奇的思慕雪。坚持每天饮用，吸收大自然的灵气与精华，便能遇见最美丽、健康、自信的自己。

　　本书用精选的蔬菜、水果、乳制品、豆制品、坚果、干果、香料等配方、简单的工具、触手可及的原材料，让你只要几分钟便可轻轻松松享受满满正能量的美味。一起来吧，每个清晨都用维生素满溢的玻璃杯开启丰富多彩的一天！

CONTENTS 目录

PART 01
思慕雪的基本知识

PART 02
蔬菜·思慕雪的必备主材

PART 03
水果·让思慕雪更美味的秘密

PART 01

思慕雪的基本知识

思慕雪是现下比较受女性群体欢迎的一种健康饮品，主要成分为新鲜的水果或冰冻的水果，其清凉解暑、色彩缤纷，大家快来畅饮一杯吧！

思慕雪——天然食材的美丽相遇

思慕雪的主要成分是新鲜的水果或者冰冻的水果，用搅拌机打碎后加上碎冰、果汁、雪泥、乳制品等，混合成半固体的饮料。

思慕雪到底是什么？其实就是把新鲜蔬菜和水果用搅拌机打碎后加上碎冰、果汁、雪泥、乳制品等，混合而成的半固体饮料。它制作起来非常简单，人人都能做，喝一次就会被那甘甜爽滑的口感深深"俘获"，从此爱上这新鲜的美味。

思慕雪源于 20 世纪 60 年代中期的美国，那时候在美国掀起了一股有益身体健康的素食主义浪潮。为了满足社会的需求，以健康食品为主题的零售餐馆应运而生。其中，餐馆菜单上最受欢迎的就是思慕雪。

一杯思慕雪，富含多种维生素、矿物元素，以及膳食纤维、蛋白质、有益的脂肪酸，对身心健康都非常有益，可谓是一款非常健康的饮品。为什么思慕雪的营养如此全面呢？看一看它的"构成"就知道了：

新鲜蔬菜、新鲜水果

牛奶、酸奶等奶制品

豆浆、豆腐、红豆、黑豆等豆类及豆制品

杏仁、瓜子、开心果等坚果

葡萄干、西梅干等干果品

甜酒、苹果醋等天然健康饮品

含乳酸菌的各类饮品

肉桂粉、抹茶粉等天然调味料

如此看来，简简单单一杯思慕雪，可真是各种天然食材的一场华丽邂逅！无论你追求的是美味、健康，还是创意、时尚，这百变的思慕雪，一定不容错过！

思慕雪对身体的三大益处

2

蔬菜和水果是思慕雪中的主要食材。我们知道很多蔬果都具有减脂、排毒、塑造完美体形的作用。所以经常将这些蔬果制成思慕雪饮用，能有效改善身心健康。

① 塑造苗条曼妙的身材

蔬菜和水果是思慕雪中的主要食材，新鲜蔬果大都富含膳食纤维、维生素C及矿物质，具有减脂、排毒、塑造完美体形的作用。所以经常将这些蔬果制成思慕雪饮用，能有效改善身心健康，最终收获苗条曼妙身材。

② 打造洁白光泽的美肌

皮肤暗淡无光，很多时候是因为体内毒素排不出去所导致，其重要原因是摄入的膳食纤维不足。蔬菜水果中富含膳食纤维，可以将体内的毒素通过排泄的方式排出体外。由于膳食纤维需要与水结合才能更好地发挥作用，而思慕雪正好能满足这个条件。

③ 改善胃肠道的消化吸收功能

现代人生活节奏快，很难养生细嚼慢咽的习惯。思慕雪将所有食材打碎，无需咀嚼，可减轻消化负担。此外，研究表明，持续饮用思慕雪能够改善胃酸的分泌，改善消化不良；同时能使肠道的蠕动能力大大增强，消除习惯性便秘。

3 哪些食材适合制作思慕雪

思慕雪怎么做？制作方法超简单，将所有食材放进搅拌机，一按搞定！
因此，只要会选食材，人人都能轻松上手，自制美味的百变思慕雪。

绿叶蔬菜

绿叶蔬菜在一年中的任何时候都能方便购得。用绿叶蔬菜制作的思慕雪膳食纤维含量较高，具有明显的减脂瘦身作用。

根茎类蔬菜

如胡萝卜、山药等制成的思慕雪，口感浓郁，具有一定的饱腹感，能温和地调理肠胃，为身体补充足够的能量。

多汁多肉的水果

尤其是果肉柔软、汁液丰富、味道香甜的水果，如西瓜、猕猴桃等，这些水果可以提升思慕雪的口感和顺滑度。

乳制饮品

常用的有牛奶、酸奶、豆奶。加入乳制品的思慕雪，不仅味道香浓诱人，且补充蔬菜、水果中含量不足的蛋白质。

坚果和干果

坚果和干果中富含人体必需的不饱和脂肪酸，有助于预防心脑血管疾病，思慕雪中加坚果和干果，对身体健康有益。

香辛食材

在思慕雪中加入具有香辛味的食材，可使思慕雪别具风味，如肉桂粉可驱寒暖胃，抹茶粉可提神、排毒。

4 食材的处理方法

食材的新鲜度和品质直接决定了思慕雪的口感，因此学会挑选和处理食材至关重要。

食材的挑选方法

尽量挑选新鲜度高的当季食材，当季食材营养丰富，味道也会更清香可口。此外，由于思慕雪需要直接使用生鲜蔬果，有些还需要连皮一起使用，以保留更丰富的营养。因此应挑选有机栽培、不滥用农药的安全蔬果。

食材的清洗方法

用碱清洗过的蔬果，其农药残留大大减少。在清洗蔬果时，可用流水冲洗干净，放进融有苏打（食用碱）或小苏打的水中，浸泡5~10分钟，再用流水冲洗片刻。对于苹果、橙子等水果，也可以在冲洗干净后，蘸取少量食用碱或小苏打粉直接搓洗其表面片刻，再冲净即可。

保存方法

叶菜类

清洗干净后，充分晾干表面的水分，放入密封袋中，排尽空气，密封好（叶在上，根茎在下），放冰箱冷藏室保存。

水果

水果洗净晾干后，切成适宜的大小，放入密封袋，放进冰箱冷冻室保存。拿出后无需解冻即可直接用于制作思慕雪。

坚果类

如果坚果已经浸水，需将其冲洗干净并晾干，放入保鲜盒中密封，在放入冰箱冷藏保存，并于4~5日内使用完。

5 制作思慕雪的工具

此处向大家介绍本书中思慕雪制作所需的工具。在正式开始调制思慕雪前，请先备齐以下工具。

① 榨汁机

榨汁机是调制果饮时最重要的工具。本书所有思慕雪都使用专业榨汁机，不过能处理冰块和冷冻水果的家用榨汁机也可以。本书介绍的果饮样品和拍摄的图片均使用家用榨汁机完成。部分型号的榨汁机不可以处理冰块和冷冻水果，不适合用于调制本书介绍的果饮。

② 手动榨汁机

手动榨汁机用于榨取橙子和柠檬等果饮。手动榨汁机分用于榨取柠檬和青柠果饮的小尺寸型号，还有用于榨取橙汁的大尺寸型号。使用时，先将水果切成片，放入滤网中，插入手柄用力挤压并旋转，可视水果软硬程度适度控制压榨的力度。

③ 量杯

量杯用于量取液体食材。准备一个有刻度，总量为200毫升左右的计量杯即可。

④ **电子秤**

电子秤用于测量重量。本书中主要用于测量冷冻后的水果。

⑤ **冷冻保鲜袋**

冷冻保鲜袋指封口带有拉锁的密封塑料保鲜袋。准备用于制作思慕雪的水果切成适合的尺寸，装入保鲜袋中冷冻。

⑥ **制冰盒**

本书中用到的冰块和柠檬汁冰块需要用到制冰盒来制作。

⑦ **长柄汤匙**

榨汁机在搅拌过程中没有充分拌匀水果和冰块时，长柄汤匙可用于帮助其搅拌均匀。尽量挑选柄部较长，匙头较小的汤匙，以便轻松插入刀片之间。

6 思慕雪的制作方法

所有思慕雪的制作方法均相似。在冷冻和倒入榨汁机中搅拌时，需要稍微掌握一些小妙招，即可轻松掌握。

食材切块

将准备用于调制果饮的水果刮皮去籽后，切成一口可以食用的块状。切法因食材而异。

使用榨汁机搅拌

将冷冻后的水果和其他材料同时倒入榨汁机中，按下启动按钮即可！调制方法仅此而已！

冷冻

将切好的水果装入保鲜袋中冷冻。装袋时将水果放平，避免重叠。充分冷冻可以保留水果本身的松软口感，请冷冻一个晚上以上。

TIPS:

● **冷冻保存当季水果：** 待水果成熟，在价格便宜的时候购买，切块后冷冻保存。随时可以取出所需分量，品尝新鲜果饮。

● **用吸管排出空气：** 为了快速冷冻保存美味，用吸管排出保鲜袋中的空气，密封袋口。这一技巧刚开始可能不太熟练但只要多练习，很快就能学会。

④

用长柄汤匙搅拌

冰块和冷冻水果没有被彻底搅匀，榨汁机的刀片处于空转状态时，关掉电源打开盖子，将汤匙插入刀片之间翻搅，再次盖上盖子，打开电源。重复几次上述步骤，果饮的口感自然会由注水感变得细腻绵密。

倒入玻璃杯中

材料变得松软润滑时，即榨取成功，用汤匙将榨汁机的果饮全部倒入玻璃杯中。可以将用于调制果饮的新鲜水果作为装饰配料，或者配上香草、坚果、水果干等。装饰果饮能帮助我们发现新的美味，而且可以使果饮的外表更加美观、可爱，就算用于招待客人也不会显得寒酸。

⑤

7 思慕雪的美味健康法则

思慕雪绝不是一件让人很难坚持的事。由于每个人的喜好和体质都不尽相同，所以大家可以通过各种各样的实验来开发出适合自己的思慕雪。

饮用思慕雪会逐渐形成一种习惯，只有长久坚持才能看到身体一天天的改变。我们可以轻轻松松开始，并一直持续下去。由于每个人的口味喜好和健康需求不同，会偏爱选用不同的食材，逐渐开发出适合自己的思慕雪。不过还是要了解一些基本的美味、健康法则，帮助你少走弯路。

制作方法的美味法则

1. 一次不要增加太多种材料。配方尽可能简单，这样既好喝又不容易对消化造成负担。

2. 要使用新鲜的蔬菜和水果，水果处在成熟状态最为理想。

3. 一次制作出一天要喝的思慕雪。剩下的部分放在阴凉处或冰箱里，能保存一天时间。

4. 不宜加入太多的绿叶蔬菜，以保证思慕雪良好的口感。

5. 如果想利用思慕雪减脂瘦身，则不要加入盐、油、甜味剂、市售果汁、碳酸饮料及各种添加剂。

6. 淀粉含量较高的根茎类蔬菜，如山药、土豆等，不适合跟水果一起制作思慕雪。

饮用的健康法则

1. 尽可能每天都饮用思慕雪，坚持两周左右即可形成习惯。

2. 每个人的饮用量不同。虽说一杯已经足够，不过如果每天能饮用 1 升，效果将更加明显。

3. 不要在吃饭时一起饮用思慕雪，请单独饮用。如果想要吃其他的东西，请前后间隔 40 分钟以上。

4. 饮用思慕雪时不要像喝水和饮料那样一饮而尽，要花时间慢慢品味。养成习惯之前，建议大家用勺子一口一口啜着喝。

5. 脾胃虚弱的人及体寒者不适合长期食用冰冷的东西，最好饮用常温思慕雪。

6. 患慢性病的人肠胃都很敏感，所以过多的纤维会造成消化的负担。在这种情况下，建议大家开始时先将思慕雪过滤一遍，去除纤维再饮用。

7. 开始喝思慕雪的时候会经常感觉到饿，这是因为胃肠活动变得活跃。适应一阵子，待胃酸分泌正常、身体机能趋于平衡之后，大部分的人都会渐渐恢复正常。

思慕雪 Q&A

8

关于思慕雪，或许在你心里存在许多疑问。思慕雪怎么喝，如何才能喝得健康？关于思慕雪常见的一些问题，本节会为你解答。

一天应该喝多少量的思慕雪比较好？

饮用的量因人而异，可能的话开始时尽量每天都喝 1 升以上，这样效果比较明显。在持续饮用的过程中，也可以适当地减量。因为吸收营养的效率提高了，即使只喝少量的思慕雪也能摄取到很多的营养元素。

使用小白菜制成的思慕雪有辣味，这是为什么呢？

小白菜等油菜科的绿色蔬菜，在一定季节或条件下会变得带有辣味。因为这些蔬菜只有茎的部分含有辣味，所以请大家使用叶的部分制作思慕雪。

刚开始饮用思慕雪，却出现了便秘的状况，这是怎么回事呢？

由于大家一直食用加热后的加工食物，所以肠的肌肉退化，人们习惯了将食物挤压出来的这种排便方式。因为思慕雪中90%是水分，想要排便则必须要有正常的肠蠕动。只要坚持饮用思慕雪，肠就能恢复本来的机能。

婴儿也可以饮用吗？

6个月以上的婴儿便可以饮用思慕雪了。思慕雪对消化很有帮助，正好适合作为断乳食物。不过一定要当心食物过敏情况，请大家一边观察情况一边慢慢增加摄入的量和水果蔬菜的种类。

如果每天喝不下1升也能有效果吗？

虽说每天1升的量比较容易出现效果，不过也要根据个人的年龄、身体状况、平时的饮食情况等改变饮用的量。没必要勉强自己。有很多人只是饮用很少的量，但是长此以往也都得到了很好的效果。

9 了解体质，选对适合的思慕雪食材

根据我的体质，选择什么样的食材来做思慕雪比较好呢？大家可能都有这样的困惑。
通过简单的诊断测试来了解自己的体质，这样就能选出适合自己的食材，做出个人专
属思慕雪。

根据中医的"阴阳"理论，以及体内水分度不同，可大致将人的体质分为阴性体质、阳性
体质、水湿体质、干燥体质四大类。

所谓阴阳，宣扬的是万物的平衡，食物也有阴阳之分。而人们通过摄入食物来维持身体的
平衡。大致来说，有温热作用的东西属"阳"，有冷却作用的东西属"阴"。在热带地区，人
们通过进食能使身体冷却下来的食物来取得与阳性气候的平衡。而在寒冷地区则相反，人们通
过进食能使身体温暖的食物来取得与阴性气候的平衡。这就是阴阳给人的印象。阴阳的平衡被
打破的话，就会出现各种各样的不调。自己的身体是偏向于阴性还是偏向于阳性，根据一贯的
生活方式而有所不同，同时也是随着生活方式的改变而变化的。

想获得真正的健康，就要从内在开始调理，如果摄取的东西不适合自己的体质和症状，甚
至可能起到反作用。所以，务必先了解自己的体质，选择适合自己体质的食材，做出真正适合
自己的思慕雪。

下一页的体质诊断测试可以帮助大家判断自己的体质是偏向于阳性还是偏向于阴性。此
外，为了了解代谢机能，还增加了"体内水分度"的测试，能够帮助大家诊断自己目前的体质。

——【健康】——

阴阳平衡，健康。

——【阴虚】——

有身体变僵，容易患上
高血压，并有形成息肉
和血栓的倾向。

——【阳虚】——

有体寒、乏力的症状，
还有患上贫血低血压的
倾向。

体质诊断测试

请在以下符合的条目前面打勾。"阴阳体质测试"和"体内水分度"
的结果中打勾多的条目结合起来得出来的结论，就是你的体质类型。

测试 **1** 阴阳体质测试

< 阴性体质 >

☐ 脸长或呈椭圆形
☐ 肤色偏白
☐ 个子高
☐ 身体柔软
☐ 手掌潮湿
☐ 下眼睑的内侧发白
☐ 血压偏低，脉搏次数偏少
☐ 正常体温偏低
☐ 频繁地上厕所
☐ 容易腹泻

计＿＿ 个

< 阳性体质 >

☐ 脸呈圆形或者菱形
☐ 肤色偏黑
☐ 个子矮
☐ 身体结实
☐ 手掌干燥
☐ 下眼睑的内侧偏红
☐ 血压偏高，脉搏次数偏多
☐ 正常体温偏高
☐ 上厕所的次数较少（3次以下 / 每天）
☐ 容易便秘

计＿＿ 个

测试 **2** 体内化分度测试

< 水湿体质 >

☐ 说话的声音较小
☐ 充当听众角色的情况较多
☐ 容易往消极的方向思考
☐ 属于深思熟虑之后再采取行动的类型
☐ 比起外出更喜欢宅在家里
☐ 饮食较细，没有什么食欲
☐ 喜欢吃甜的东西
☐ 经常喝茶和果汁之类的饮料
☐ 不怎么吃鱼和肉
☐ 吃面包较多

计＿＿＿ 个

< 干燥体质 >

☐ 说话的声音较大
☐ 充当述说者的情况比充当听众的要多
☐ 心态积极乐观
☐ 属于一旦有想法就会马上采取行动的类型
☐ 喜欢外出和参加户外活动
☐ 食欲旺盛很能吃
☐ 喜欢吃咸的东西
☐ 一整天很少摄取水分
☐ 经常吃鱼和肉
☐ 吃米饭较多

计＿＿＿ 个

阴性体质 + 水湿体质 → **虚胖型**　　　阳性体质 + 水湿体质 → **粗壮型**

阴性体质 + 干燥体质 → **虚弱型**　　　阳性体质 + 干燥体质 → **结实型**

诊断结果和与体质相宜的思慕雪食材

－ 虚胖型 －

< 身体倾向 >

受甜点、饮料、水果、酒精和咖啡因等阴性食物的影响，身体在缓慢地膨胀，也就是所谓的虚胖。这种体质的人中，出现低血压、体寒、水肿，以及对重要营养素的消化吸收能力低下的情况比较常见。这种体质类型的人具有动作缓慢、性格温吞的倾向。

< 饮用思慕雪的建议 >

比起晚上，这类人群更适合在身体不容易变冷的早上到中午的时间段内喝思慕雪，而且边喝边嚼比较好，有助于消化。

< 与体质相宜的思慕雪食材 >

萝卜、芹菜、芝麻菜、西蓝花、苹果、猕猴桃、桃子、红豆、黑豆、谷物等。

－ 虚弱型 －

< 身体倾向 >

虚弱体质类型的人中，肠胃虚弱者比较多，这类人表现为体力和干劲较弱，很容易发生消化不良。此种体质的人如果大量进食"对身体好"的食物，往往并不能吸收，反而会增加胃肠负担，长此以往，会导致身体更加虚弱。

< 饮用思慕雪的建议 >

这种体质的人喝思慕雪要从少量开始。先试着喝，如果没有出现便秘和腹泻的症状，再慢慢地加量，这样才不会损伤肠胃。

< 与体质相宜的思慕雪食材 >

小白菜、菠菜等绿叶蔬菜，西蓝花、洋葱、胡萝卜、梨、橙子、金橘、甜酒等。

- 粗壮型 -

< 身体倾向 >
这种体质的人一般是所谓的"大胃王"，什么都很能吃、能喝，身体很壮。但这种体质的人中，便秘者比较多，属于容易积存毒素的体质。此外，这种体质类型的人中代谢率低下的人也很多。

< 饮用思慕雪的建议 >
这类人可以多喝思慕雪，在饭前喝思慕雪可以提高代谢能力。相对于其他体质而言，这种体质的人什么思慕雪都能喝，但是如果想要减肥，就要避免使用有甜味的材料，因此要注意控制水果的用量。

< 与体质相宜的思慕雪食材 >
西红柿、黄瓜、西洋菜、玉米、南瓜、扁豆、生姜、西瓜、葡萄、菠萝、干果类等。

- 结实型 -

< 身体倾向 >
这种体质类型的人容易进食大量咸味的食物，并有过度运动的倾向，因此身体看起来非常紧致、结实。但这类人由于肌肉缺乏柔软性，因此身体僵硬，柔韧度不佳。

< 饮用思慕雪的建议 >
这类人适合在运动前喝甜味的思慕雪，在运动后喝补充含蛋白质的坚果类思慕雪。思慕雪对于这种体质的人来说，具有将体内积存的盐分（钠）排泄出来的效果，从而使身体变得更健康。

< 与体质相宜的思慕雪食材 >
生菜、青椒、香菇、蓝莓、香蕉、芒果、牛油果、葡萄柚、豆腐、坚果类、香料等。

PART 02

蔬菜·思慕雪的
必备主材

蔬菜不但能制作成可口的菜肴，只要搭配得当、制作
有方，即可化身营养思慕雪。新鲜的蔬菜思慕雪保留
了其天然美味，还能给人体提供丰富多样的营养素。
在改善人体脏腑机能、防癌抗癌、美容养颜上有着强
大的功效，帮助体内废弃物的代谢，让身体更具活力。

卷心菜

Cabbage

防衰老，抗氧化

卷心菜也叫包菜、洋白菜或圆白菜，在西方是最为重要的蔬菜之一。它和大白菜一样产量高、耐储藏，是四季的佳蔬。卷心菜富含维生素 C、维生素 E 和胡萝卜素等，具有很好的抗氧化及抗衰老作用。此外，富含的维生素 U 对溃疡有很好的治疗作用，能加速愈合，还能预防胃溃疡恶变。

🛒 选购要点

一般来说，选购卷心菜挑选叶球坚硬紧实的，松软的表示包心不紧，不要买。叶球坚实，但顶部隆起，表示球内开始抽苔；中心柱过高者，食用风味稍差，也不要买。

100 克热量
24kcal

卷心菜处理方法

1.用刀将洗净的卷心菜切成小块。
2.锅中注水烧开，放入卷心菜块焯至断生。
3.将卷心菜捞出后过凉水。

1

卷心菜思慕雪

清爽的卷心菜与鲜美的猕猴桃共同打造健康思慕雪。

材料

卷心菜…………100克
猕猴桃…………80克
薄荷叶…………适量

制作

1 将猕猴桃洗净去皮，切成小块后装入密封袋，放入冰箱冷冻。

2 取榨汁机，倒入备好的所有食材，搅打碎后，倒入杯中，点缀上薄荷叶即可。

生菜
Lettuce

清肝利胆，养胃消脂

生菜脆嫩爽口、清热提神，是老百姓餐桌上的常客。食用生菜能使精神稳定，预防失眠，并可辅助治疗精神衰弱。生菜中的维生素 E、胡萝卜素等都能保护眼睛，维持正常的视力，缓解眼睛干涩与疲劳。生菜中的消化酶能促进消化，可以改善消化不良，丰富的膳食纤维能消除多余脂肪，缓解大便不顺畅的症状。

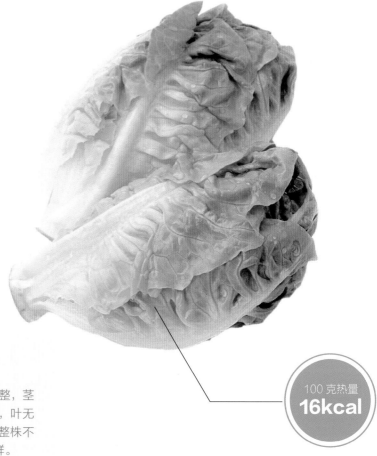

🛒 选购要点

选购时生菜以整株完整，茎叶鲜亮油绿、无断裂，叶无斑点、腐烂的为佳。整株不会软软下垂者较为新鲜。

100 克热量
16kcal

生菜处理方法

1. 生菜去蒂，掰开一片一片。
2. 用清水将生菜洗净，去除杂质或残留农药。
3. 将生菜切段。

生菜黄瓜思慕雪

绿色的蔬果可以榨成营养思慕雪，利尿又改善肾脏机能。

材料

生菜·················100 克
黄瓜·················30 克
猕猴桃·················1 个

制作

1 将猕猴桃洗净去皮，切成小块后装入密封袋，放入冰箱冷冻；黄瓜洗净，切块。

2 取榨汁机，倒入备好的生菜段、黄瓜块和冰冻猕猴桃，搅打碎后，倒入杯中即可。

菠菜
Spinach

润泽肌肤，稳定血糖

菠菜是二千多年前波斯人栽培的菜蔬，所以也叫作"波斯草"。后在唐朝时由尼泊尔人带入中国，因其营养丰富得到养生人士的追捧。菠菜中的维生素 B_1 和维生素 B_2 能预防口角炎，增进食欲，促进消化。菠菜中含有与胰岛素作用相似的物质，可改善糖尿病症状，有利于稳定血糖。

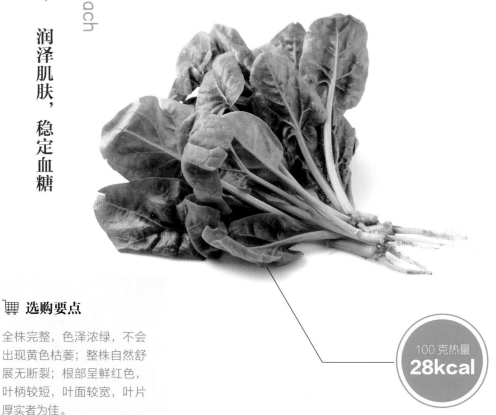

🛒 选购要点

全株完整，色泽浓绿，不会出现黄色枯萎；整株自然舒展无断裂；根部呈鲜红色，叶柄较短，叶面较宽，叶片厚实者为佳。

100 克热量
28kcal

菠菜处理方法

1. 洗净的菠菜切段。
2. 锅中注水烧开，倒入菠菜煮至断生。
3. 将菠菜捞出过凉水。

1

2

3

美肤菠菜思慕雪

宁神安眠、补脑养血的思慕雪同样有浓滑口感。

材料

菠菜·····················80克
青苹果····················50克
香蕉······················30克

制作

1　将青苹果洗净，切小块；香蕉去皮，切块；将青苹果和香蕉分别装入密封袋，放入冰箱冷冻。

2　取榨汁机，倒入备好的菠菜段、冰冻青苹果和冰冻香蕉，搅打碎后，倒入杯中即可。

润肠菠菜思慕雪

由多款蔬菜打造的思慕雪，清肠排毒功效十足。

材料

菠菜·················· 60 克
豌豆·················· 40 克
甜玉米·············· 20 克

制作

① ② ③ ④

1 将豌豆洗净，放入沸水锅中，焯至断生；甜玉米洗净，放入沸水锅中，焯至断生。

2 备好榨汁机，倒入备好的菠菜段（留一片叶子做装饰）、豌豆和甜玉米。

3 打开榨汁机开关，将食材打碎，搅拌均匀。

4 最后，将制作好的思慕雪倒入杯中，点缀上菠菜叶子即可。

茼蒿
Crown daisy

调养脾胃，降压补脑

茼蒿在中国古代为宫廷佳肴，所以又叫皇帝菜。茼蒿为菊科一年生或二年生草本植物，有蒿之清气、菊之甘香。茼蒿富含维生素 A，可保护肝脏，帮助体内毒素排出，经常食用还有利于提高呼吸系统的抗病毒能力，达到润肺消痰的目的。茼蒿有特殊的芳香气味，所富含的维生素、胡萝卜素及多种氨基酸均对稳定情绪、防止记忆力减退有帮助。

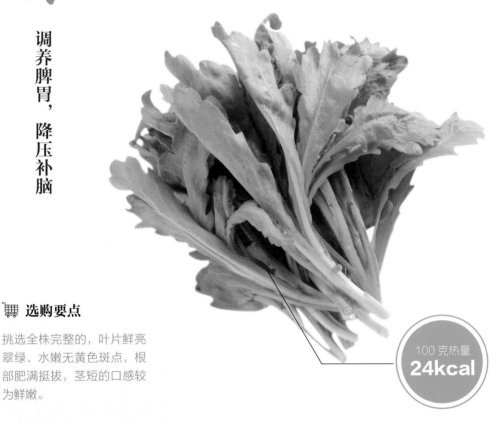

100 克热量
24kcal

🛒 选购要点

挑选全株完整的，叶片鲜亮翠绿、水嫩无黄色斑点，根部肥满挺拔，茎短的口感较为鲜嫩。

茼蒿处理方法

1. 用清水将茼蒿洗净。
2. 去除茼蒿较老的尾部。
3. 将茼蒿切段。

1　　　2　　　3

茼蒿思慕雪

茼蒿开胃消食，搭配莲藕来上一杯，清心化痰。

（材料）

茼蒿··············100克
莲藕···············20克
酸奶··············50毫升

（制作）

1 将莲藕洗净去皮，切片。

2 取榨汁机，倒入备好的大部分茼蒿和一半的酸奶，搅打碎后倒入杯中。

3 榨汁机中倒入莲藕和剩余的酸奶，搅打碎后倒入盛有茼蒿汁的杯中，稍微搅拌，点缀上剩余的茼蒿即可。

紫甘蓝

Purple cabbage

杀虫止痒，润肠益胃

紫甘蓝原产地是地中海沿岸，在我国栽培食用时间不长，但因其营养丰富和色彩艳丽得到大众的喜爱。紫甘蓝属半耐寒蔬菜，喜凉爽气候。一般在气温为 20℃～25℃时外叶生长，结球期的适宜湿度为 15℃～25℃。紫甘蓝含有丰富的硫元素，可杀虫止痒，对于各种皮肤瘙痒、湿疹等疾病具有一定疗效，长期食用有利于皮肤健康。紫甘蓝中大量的纤维素能够增强胃肠功能，促进肠道蠕动同时可以降低胆固醇。

100 克热量
33kcal

🛒 选购要点

宜挑选叶球比较干爽，鲜嫩而有光泽，结球均匀、没有枯烂叶，没有机械伤，没有病虫害，叶片紫红的紫甘蓝。

紫甘蓝处理方法

1. 将紫甘蓝叶片一片一片剥开。
2. 用清水将紫甘蓝叶片洗净。
3. 将紫甘蓝叶片切成小块。

维 C 思慕雪

蔬果巧妙搭配，带来浪漫甜蜜的下午茶时光

材料

紫甘蓝⋯⋯⋯⋯⋯80克

树莓⋯⋯⋯⋯⋯50克

燕麦片⋯⋯⋯⋯⋯适量

薄荷叶⋯⋯⋯⋯⋯适量

制作

1 将树莓洗净去蒂，留一个做装饰，其余的装入密封袋中，再放入冰箱冷冻。

2 取榨汁机，倒入备好的紫甘蓝块和冰冻树莓，搅打碎后倒入杯中，点缀上树莓、燕麦片和薄荷叶即可。

紫蔬思慕雪

用一杯紫蔬思慕雪，开启活力满满的一天。

材料

紫甘蓝·················· 80 克
甜菜根·················· 40 克
薄荷叶··················适量

Point

甜菜根红艳如火，镁元素含量丰富，可软化血管；其所含的维生素 B_{12} 和铁质是妇女与素菜者补血的佳品，搭配紫甘蓝可防止高血压和老年痴呆症。

制作

① ② ③ ④

1 将甜菜根洗净去蒂，去皮，再切成小块。

2 备好榨汁机，倒入备好的紫甘蓝块，再倒入甜菜根块。

3 打开榨汁机开关，将食材打碎，搅拌均匀。

4 最后，将制作好的思慕雪倒入杯中，点缀上薄荷叶即可。

西红柿

Tomato

健胃消食，清热解毒

西红柿酸甜多汁，营养丰富而且具有特殊风味，多样化的食用方法让它备受食客的喜欢，生食、煮食，加工番茄酱、汁或整果罐藏均可。西红柿含有丰富的维生素与矿物质，所含的番茄素有抑制细菌的作用；苹果酸和柠檬酸等有机酸可以增加胃液酸度，帮助消化，调整胃肠功能；西红柿中含的果酸能降低胆固醇的含量，对治疗高脂血症很有益处。

🛒 选购要点

挑选时一般以果形浑圆，无裂口、无虫咬，果蒂呈鲜绿色且尚未脱落的较为新鲜；越红、越熟的西红柿，茄红素含量越高，甜度也越高。

100 克热量
14kcal

西红柿处理方法

1. 洗净后的西红柿去掉果蒂。
2. 将西红柿对半切开。
3. 先切成小瓣，再切成小块。

西红柿草莓思慕雪

滋补养血、清心除烦的思慕雪，是失眠与烦心者的调养饮品。

材料

西红柿·················1个
草莓·················100克
薄荷叶·················适量

制作

1 草莓洗净去蒂，切块，装入密封袋后放进冰箱冷冻。

2 取榨汁机，倒入备好的西红柿和冰冻草莓，搅打碎后倒入杯中，点缀上薄荷叶即可。

芹菜西红柿思慕雪

维生素种类较多的蔬菜，做成思慕雪饮用对身体免疫力有帮助。

材料

西红柿··················2 个
芹菜·····················20 克

制 作

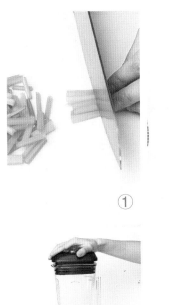

①

②

1 将芹菜洗净切段。

2 备好榨汁机，倒入备好的西红柿，再倒入芹菜段。

3 打开榨汁机开关，将食材打碎，搅拌均匀。

4 最后，将制作好的思慕雪倒入杯中即可。

③

④

甜玉米
Corn

调中开胃，益肺养心

玉米是全球重要的粮食作物和饲料作物。玉米是喜温作物，种植区域主要分布在 30° ~ 50° 的纬度之间。玉米一直被誉为长寿食品，因为玉米含有丰富的植物纤维素，具有刺激胃肠蠕动、加速粪便排泄的特性，可防治便秘、肠炎、肠癌等；同时还可以抑制脂肪吸收，降低血脂水平，能有效预防和改善冠心病、肥胖、胆结石症的发生；并且在刺激大脑细胞、增强人的脑力、记忆力和人体新陈代谢力、调整神经系统功能方面具有较好的食疗作用。

100 克热量
112kcal

选购要点

选购时以没有虫蛀、完整的为前提，玉米颗粒紧密，饱满的说明水分充足，玉米须为黄褐色的甜度较佳。

甜玉米处理方法

1. 摘掉玉米叶子，剥出玉米粒。
2. 锅中注水烧热，放入玉米粒，焯煮至断生。
3. 捞出的玉米粒过凉水。

1

2

3

玉米青柠思慕雪

提神的青柠与玉米搭配，酸甜可口，滋味无穷。

材料

甜玉米·················1根
青柠·················2个

制作

1 将青柠切开，挤出汁液。

2 取榨汁机，倒入备好的甜玉米粒和青柠汁。

3 打开榨汁机开关，将食材打碎，搅拌均匀，倒入杯中即可。

玉米香蕉思慕雪

这款带有淡香的思慕雪当早餐享用，营养充足。

材料

甜玉米················50 克
香蕉······················1 根

制作

①

②

③

④

1 香蕉去皮，切成小块，装入密封
袋中，再放进冰箱冷冻。

2 备好榨汁机，倒入备好的甜玉米
粒，再倒入冰冻香蕉。

3 打开榨汁机开关，将食材打碎，
搅拌均匀。

4 最后，将制作好的思慕雪倒入杯
中即可。

彩椒
Color pepper

燃烧脂肪，防老化

彩椒是甜椒中的一种，因其色彩鲜艳、多色多彩而得其名。原产南美洲秘鲁及中美洲墨西哥一带的辣椒，经改良选拔后育成的彩椒品种。彩椒果色有黄、橙、红、绿、白、紫黑等，果皮光滑亮丽。彩椒含有丰富的维生素C以及椒类碱，有利于增强人体免疫功能，提高人体的防病能力。其富含的椒类碱能够促进脂肪的新陈代谢，防止体内脂肪积存，从而起到减肥防病的作用。彩椒具有强大的抗氧化作用，能消除疲劳、防止身体老化。

100克热量
26kcal

🛒 选购要点

新鲜的彩椒大小均匀，色泽鲜亮，外表无破损，闻起来具有瓜果的香味。

彩椒处理方法

1. 彩椒洗净去蒂。
2. 将彩椒对半切开，去籽。
3. 将彩椒切块。

1   2   3

彩椒思慕雪

两种富含维生素 C 的食材的碰撞，能使皮肤光滑、有弹性。

材料

黄彩椒······1 个
芒果······1 个

制作

1 芒果去皮，去核，取果肉切丁，装入密封袋，放进冰箱冷冻。

2 取榨汁机，倒入备好的黄彩椒和冰冻芒果，搅打碎，倒入杯中即可。

南瓜
Pumpkin

帮助消化，补益脾胃

南瓜中的果胶有很好的吸附性，能黏结和消除体内细菌毒素和其他有害物质，如重金属中的铅、汞和放射性元素，从而起到解毒作用。同时果胶还可以保护胃肠道黏膜，免受粗糙食品刺激，促进溃疡面愈合，适宜于胃病患者。南瓜中丰富的钴，在各类蔬菜中含钴量居首位。钴能活跃人体的新陈代谢，促进造血功能。

100 克热量
23kcal

🛒 选购要点

新鲜的南瓜外皮和质地很硬，用指甲掐果皮，不留指痕，表面比较粗糙；南瓜表皮油亮，颜色以色泽金黄微微泛红，或颜色深绿的为好。瓜梗有萎缩状表示其内部已经完全成熟，食用口感佳。

南瓜处理方法

1. 用勺子挖去南瓜的子。
2. 用刀削去南瓜皮。
3. 将南瓜切成小块。

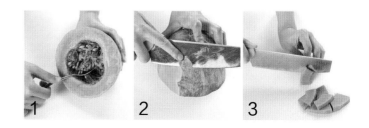

南瓜西葫芦思慕雪

这款思慕雪能够增强体质，轻松赶走亚健康。

材料

南瓜······················ 150 克
西葫芦·····················50 克

制作

1 将南瓜切成小块后焯水；
西葫芦洗净去皮，切成
小块，焯水。

2 取榨汁机，放入南瓜块
和西葫芦块，搅打碎后，
倒入杯中即可。

南瓜红薯思慕雪

润肺益气的食材，用榨汁的方式能帮助身体更快捷吸收其营养成分。

材料

南瓜·················· 150 克
红薯·················· 70 克

Point

红薯不易消化，食用时不控制好量会导致胀气。建议采用适量的红薯与南瓜搭配搅打成细滑的思慕雪，以降低胀气的风险并达到通便、瘦身的效果。

制作

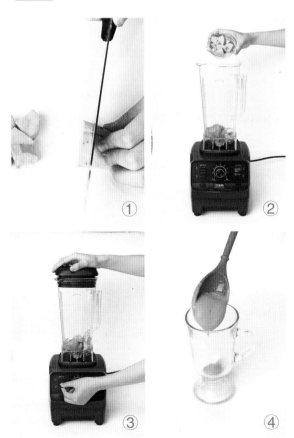

① ② ③ ④

1 将南瓜切成小块后焯水；红薯去皮，切成小块。

2 取榨汁机，放入备好的南瓜块和红薯块。

3 打开榨汁机开关，将食材打碎，搅拌均匀。

4 榨好后倒入杯中即可。

黄瓜
Cucumber

生津解渴，降压减脂

黄瓜水分含量多，口感爽脆，因此无论是生吃、熟食、凉拌还是腌制，总能吸引众多的食客。新鲜黄瓜中的丙醇二酸可抑制糖类物质转化为脂肪，食用后可减少体内脂肪的产生，并且在调节胆固醇、维持血压正常上表现突出，良好的预防肥胖功效同样备受瘦身人士的欢迎。

100 克热量
16kcal

🛒 选购要点

轻捏有花蒂的尾部，若质感松软即为老化，此种黄瓜食用时口感欠爽脆。选购时一般以瓜身直挺硬实且带有纵陵，形状匀称，颜色亮绿且有光泽，表皮的刺小而密，轻轻一摸就会碎断的较为新鲜。

黄瓜处理方法

1. 将黄瓜洗净后切去头尾。
2. 切成长段后再用刀对半切开。
3. 最后将黄瓜切成厚约 1 厘米的小块。

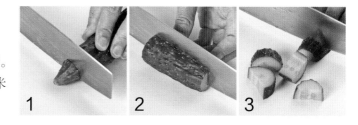

1　　2　　3

绿蔬橘香思慕雪

家常的蔬果可帮助舒缓压力、润肤除皱，功效不可忽视。

材料

黄瓜·················100克
西芹··················50克
橘子··················30克

制作

1 橘子剥皮，掰开一瓣一瓣，切成小块，装入密封袋，再放进冰箱冷冻；西芹洗净切段。

2 取榨汁机，倒入备好的黄瓜块、西芹段和冰冻橘子，搅打碎后倒入杯中，点缀上西芹段即可。

黄瓜香蕉思慕雪

黄瓜与香蕉的绝妙组合，滋味无穷，让你一试难忘。

材 料

黄瓜·················100 克
香蕉·················100 克

Point

食用黄瓜能有效补充体内缺少
的水分，香蕉可祛斑美白，搭
配食用确实是改善肌肤毛病的
好帮手，爱美人士岂能错过。

制 作

① ② ③ ④

1 香蕉去皮，切成小块，装入密封
袋，再放进冰箱冷冻。

2 备好榨汁机，倒入备好的黄瓜块
和冰冻香蕉。

3 打开榨汁机开关，将食材打碎，
搅拌均匀。

4 最后，将制作好的思慕雪倒入杯
中即可。

胡萝卜
Carrot

保肝明目，增强免疫力

胡萝卜对人体的益处多，有"小人参"的美称。胡萝卜中含有丰富的胡萝卜素，它能在体内转化成维生素A，对加强眼睛视力、保护视觉并缓解皮肤干燥症状有明显益处，同时在预防上皮细胞癌变的过程中具有重要作用。胡萝卜中的类胡萝卜素可以促进消化系统的有效运作，对清理肠胃、改善便秘有较大的帮助。

100 克热量
39kcal

🛒 选购要点

宜挑选形体圆直，外表无裂口、无虫眼的胡萝卜，个头中等偏小的较甜，橘黄色是胡萝卜天然的颜色。

胡萝卜处理方法

1. 用刀切去胡萝卜的根部。
2. 削去胡萝卜的外皮。
3. 将胡萝卜切细条后再切成小丁块。

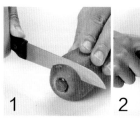

胡萝卜橙子思慕雪

由日常食材制作的思慕雪就是简单易学，能快速上手。

材料

胡萝卜··················1根
橙子······················1个

制作

1 橙子去皮，掰成一片一片，再切成小块，装入密封袋后放进冰箱冷冻。

2 取榨汁机，放入备好的胡萝卜块和冰冻橙子，搅打碎后倒入杯中即可。

圣女果胡萝卜思慕雪

生津止渴、酸甜可口的思慕雪，尤其适合儿童和女性饮用。

材料

圣女果……………… 150 克
胡萝卜………………1 根

制作

① ② ③ ④

1. 圣女果洗净去蒂，对半切开，装入密封袋，再放进冰箱冷冻。

2. 备好榨汁机，倒入备好的胡萝卜和冰冻圣女果。

3. 打开榨汁机开关，将食材打碎，搅拌均匀。

4. 最后，将制作好的思慕雪倒入杯中即可。

芦笋

Asparagus

消除疲劳，防癌抗衰老

芦笋因其嫩茎形似芦苇的嫩茎和竹笋，故称为芦笋。未出土的呈白色称为白芦笋，出土后呈绿色称为绿芦笋。芦笋是天然的抗氧化剂，因其含丰富的维生素E、钙和镁，能有效预防心脏病、防癌抗衰老。芦笋中的叶绿素能促进血液循环，可提升造血功能；芦笋中的叶酸能改善贫血，消除疲劳，可维护细胞生长，加强身体免疫力。

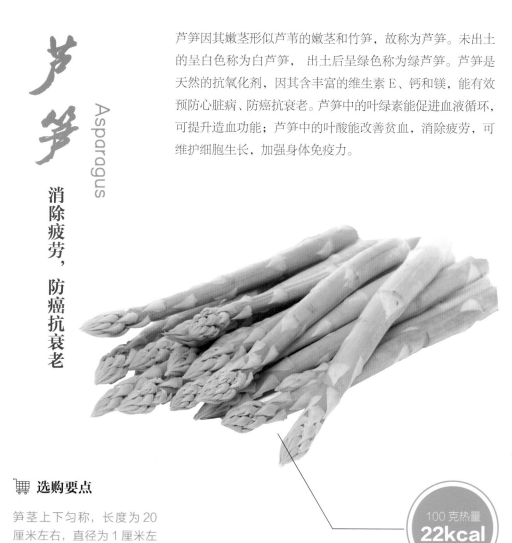

🛒 选购要点

笋茎上下匀称，长度为20厘米左右，直径为1厘米左右的最为鲜嫩、好吃；笋尖没有水伤腐臭、苞叶未展开。

100 克热量
22kcal

芦笋处理方法

1.芦笋洗净，切去根部后切段。

2.取锅注水烧热，放入芦笋焯烫片刻。

3.捞出的芦笋过凉水。

1   2   3

芦笋花菜胡萝卜思慕雪

想要预防感冒和维持视力，试试这款思慕雪吧！

材料

芦笋······················30克
花菜······················30克
胡萝卜·····················1根

制作

1. 花菜洗净，掰成小朵，焯水；胡萝卜洗净去皮，切成小块。

2. 取榨汁机，倒入备好的芦笋、花菜和胡萝卜，搅打碎后倒入杯中，杯壁装饰上胡萝卜片即可。

芦笋猕猴桃思慕雪

选用营养价值超高的蔬果，抗癌养生效果极佳。

材料

芦笋·····················200 克
猕猴桃·················2 个

> ### Point
> 肝脏是人体代谢的工厂，中医有"青色入肝"一说，即多食绿色果蔬有利于肝气的代谢循环，从而起到舒肝强肝、提高人体肝脏排毒功能的作用。

制作

① ② ③ ④

1. 猕猴桃洗净去皮，切成小块，装入密封袋，再放进冰箱冷冻。

2. 备好榨汁机，倒入备好的芦笋和冰冻猕猴桃。

3. 打开榨汁机开关，将食材打碎，搅拌均匀。

4. 最后，将制作好的思慕雪倒入杯中即可。

香菇

Shiitake

鲜香味美，降压降脂

香菇味道鲜美，香气沁人，营养丰富，素有"山珍"的美称。香菇的膳食纤维含量丰富，能有效清理人体肠胃道的废物，提升抗癌能力，降低患上肠道癌症的风险。香菇中含有嘌呤、胆碱、酪氨酸、氧化酶以及某些核酸物质，能起到降血压、降胆固醇、降血脂的作用，又可预防动脉硬化、肝硬化等疾病。

🛒 选购要点

选购时以新鲜无异味，表面有光泽，没有裂隙和斑点；菇伞肥厚、大小适中，菇柄较短、手握有坚硬感，菌褶，白色部分有规则整齐，表面不黏滑的为佳。

100 克热量
26kcal

香菇处理方法

1. 用清水将香菇洗净。
2. 用刀切去香菇蒂。
3. 将香菇切片。

1   2   3

香菇苦瓜思慕雪

香菇可以减轻苦瓜的苦涩，简单一杯清热解毒。

材料

香菇⋯⋯⋯⋯⋯⋯20克
苦瓜⋯⋯⋯⋯⋯⋯150克

制作

1 苦瓜洗净去籽，切成小块，焯水。

2 取榨汁机，倒入备好的香菇和苦瓜块，搅打碎后，倒入杯中即可。

银耳

Tremella

补气美肤，延年益寿

银耳有"菌中之冠"的美称，一般在夏秋季生于阔叶树腐木上，分布于中国浙江、福建、江苏、江西、安徽等十几个省份。银耳滋阴润燥，富含天然植物性胶质，是养颜润肤的佳品，能有效祛除脸部黄褐斑、雀斑。银耳能提高肝脏解毒能力，起到保肝作用，可以增强人体免疫力，对老年慢性支气管炎、肺源性心脏病有一定疗效，并且能增强肿瘤患者对放、化疗的耐受力。

100 克热量
26kcal

🛒 选购要点

质量佳的银耳，朵形较圆整，大而美观；耳片色泽呈金黄色，有光泽，坚韧而有弹性；蒂头无黑斑或杂质，无酸、臭、异味。

银耳处理方法

1. 用清水将银耳洗净泡发。
2. 用到切去银耳黄色的根蒂。
3. 最后撕成小片。

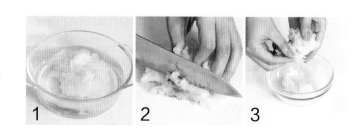

滋润思慕雪

其实思慕雪也能有汤品的浓郁口感与滋润营养。

材料

枸杞··················10克
银耳··················15克
莲子··················10克
红枣··················8枚

制作

1 红枣洗净去核，撕成小块；枸杞洗净，焯水；莲子洗净。

2 取榨汁机，倒入备好的银耳、莲子、红枣和枸杞，搅打碎后倒入杯中即可。

紫苏

Perilla

行气宽中，解郁止呕

紫苏叶也叫苏叶，是提鲜和杀菌的重要食材，也是治咳的良药。其解表散寒、行气和胃的功能，对治疗风寒感冒、咳嗽、胸腹胀满、恶心呕吐等症具有较好的疗效。同时，紫苏健脑益智，可增强免疫功能，防止疾病的入侵，在降血脂、降胆固醇以及防止心脑血管疾病方便表现较佳，能有效防止老年痴呆的发生。

100 克热量
51kcal

🛒 选购要点

挑选紫苏时以枝叶完整不枯萎，颜色鲜艳、紫中带绿，叶片舒展、叶大不碎，香气浓郁者为佳。

紫苏处理方法

1. 用清水将紫苏洗净。
2. 用刀切去紫苏的梗，取叶子。
3. 用刀将紫苏叶子切成小段。

1　　2　　3

紫苏黄瓜青柠思慕雪

气味清香的紫苏搭配黄瓜、酸奶，有利于调理身体不适。

材料

紫苏叶……………2片
黄瓜………………80克
酸奶……………100毫升

制作

1 将紫苏叶洗净；黄瓜洗净切块。

2 取榨汁机，倒入备好的黄瓜块、紫苏叶和酸奶，搅打碎后倒入杯中即可。

香菜
Coriander

发汗透疹，消食下气

香菜是含有挥发性香味的常见蔬菜，其爽口清香，常在炒菜、煮汤时充当提味的角色，特别是能祛除肉类的腥膻味，具有开胃醒脾、改善新陈代谢、清除体内滞积的作用。香菜水分含量很高，维生素 C、胡萝卜素、维生素 B_1 与维生素 B_2 的含量也很丰富，对预防感冒、促进血液循环有一定的作用。

100 克热量
33kcal

🛒 选购要点

挑选时大小适中者口感佳，整株不会软软下垂者较为新鲜，整体颜色为鲜绿，没有断枝或烂叶，叶片茂密，根部饱满没有虫眼。

香菜处理方法

1. 用水将香菜洗净。
2. 用刀切去香菜的根须，取鲜绿的菜梗和叶子。
3. 最后将香菜切成小段。

1

2

3

香菜思慕雪

香气十足的思慕雪是提神醒脑的佳品。

材料

香菜·················· 10克
青苹果··············· 1个
青柠················· 1个

制作

1 青苹果去皮切块，装入密封袋后放进冰箱冷冻；青柠切开，留一片做装饰，剩余的挤出汁。

2 取榨汁机，倒入备好的食材，搅打碎后，倒入杯中，最后在杯壁装饰上青柠片即可。

PART 03

水果·让思慕雪更美味的秘密

用随时随地都能买到的水果制作的水果思慕雪，强烈推荐初学者尝试调制。本章附有图片，简明易懂地解说每种水果的切法，让你轻轻松松便能学习到美味的水果思慕雪。

苹果 Apple

减肥，预防感冒

苹果富含维生素 C、维生素 E 和类胡萝卜素，能使血糖稳定、降低胆固醇，有效预防心脏病。苹果皮具有抗癌功能，苹果酸则有抗氧化作用，但容易侵蚀牙齿的珐琅质，所以吃完苹果要漱口。苹果含钾盐，可排除体内多余的钠离子，帮助降低高血压。

🛒 选购要点

挑选苹果果蒂新鲜、外皮无伤痕的较佳，手弹有清脆响声者比较多汁。

100 克热量
54kcal

苹果处理方法

1. 将苹果切成 8 块半月形，切去果核。
2. 削去果皮，分别切成厚度约为 2 厘米的小块。
3. 果肉稍微泡过盐水后滤去水分。
4. 将果肉块平放于保鲜袋中，排出袋中空气，放入冷冻室中冷冻。

苹果胡萝卜思慕雪

酸甜、养颜的胡萝卜苹果思慕雪，每天一杯对抗衰老、降低胆固醇、防治高血压有一定效果。

材料

苹果·····················1个

胡萝卜···················1根

柠檬·····················1个

制作

1 洗净的胡萝卜切块；洗净的柠檬，切片，装密封袋，再放进冰箱冷冻。

2 备好榨汁机，倒入备好的所有食材，将食材打碎，拌匀，倒入杯中即可。

养生思慕雪

早餐来一杯思慕雪，营养活力一整天。

材料

青苹果······················1个
黄瓜·························1根
菠菜叶······················30克
燕麦片······················15克

Point

可加适量鲜柠檬汁，喝起来酸酸甜甜，也不怕被氧化。

制作

1 洗净的黄瓜切成块；洗净的菠菜去蒂，切成段，放沸水锅中，焯水片刻至熟软，过凉水，捞出，沥干水分。

2 备好榨汁机，倒入冰冻青苹果，再倒入黄瓜，加入燕麦片，倒入菠菜叶。

3 打开榨汁机开关，将食材打碎，搅拌均匀。

4 最后，将制作好的思慕雪倒入杯中即可。

梨 Pear

生津润燥，清热化痰

梨能消除疲劳，其成分中富含蛋白质、苹果酸、柠檬酸、果糖和多种维生素。其所含的水溶性果胶，能调整肠胃、保护肠壁、活性肠内益菌，稳定胆固醇含量以及对抗外界污染。梨所含的钾离子可协助排出体内多余的钠离子，降低引起高血压的钠离子摄取，故能增强心肌活力，改善心血管疾病。

🛒 选购要点

除了颗粒要大，且外皮要薄，还要注意色泽是否均匀光滑，有无碰撞过的伤痕，果形端正匀称，拿起来也要有重量感。

100 克热量
41kcal

梨处理方法

1. 将梨对半切开，再切成半月形状。

2. 切除梨核和梨皮。

3. 再切成厚度约为 2 厘米的小块。

4. 果肉块稍微泡过盐水后，平放在保鲜袋中，排出空气，放入冷冻室中冷冻。

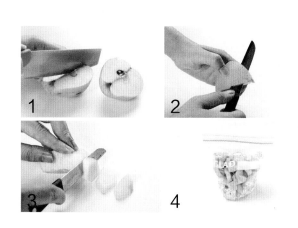

雪梨思慕雪

身体需要补充充足的水分,经常喝些思慕雪既解渴又营养。

材料

梨··················1个
草莓··············80克
香蕉··············1根

制作

1. 草莓切片;香蕉去皮,切片;分别装密封袋,再放进冰箱冷冻。

2. 备好榨汁机,倒入备好的所有食材,将食材打碎,拌匀,倒入杯中即可。

圣女果

Cherry tomato

生津止渴，健胃消食

圣女果中含有谷胱甘肽和番茄红素等特殊物质。这些物质可促进人体的生长发育，特别可促进小儿的生长发育，并且可增加人体抵抗力，延缓人的衰老。另外，番茄红素可保护人体不受香烟和汽车废气中致癌毒素的侵害，并可提高人体的防晒功能。

100 克热量
22kcal

🛒 选购要点

挑选颗粒果比较大的，有蒂的说明更新鲜，颜色鲜红而发亮，摸上去不要是软的。

圣女果处理方法

1. 洗净后的圣女果拔去果蒂。
2. 将圣女果对半切开。
3. 装入食品袋中。
4. 将果肉块平放在保鲜袋中，排出袋中的空气，再放入冷冻室中冷冻。

1

2

3

4

圣女果西芹思慕雪

超简单的夏季冷饮杯，远离各色添加剂，自制健康思慕雪。

材料

圣女果…………100克
西芹……………80克

制作

1 洗净的西芹切成段。

2 备好榨汁机，倒入冰冻圣女果，加入西芹；打

开榨汁机开关，将食材打碎，拌匀，倒入杯中，点缀上圣女果即可。

猕猴桃
Kiwi fruit

促消化，美肤

猕猴桃拥有强效补益人体所需的维生素C和膳食纤维，享有"维生素C之王"的美称。每天吃猕猴桃更能即刻补充体内欠缺的钙质，促进体内神经传导作用，提升睡眠品质。其所含的果胶能降低血中胆固醇，改善肠胃蠕动，加上高营养成分，更能强化心脏机能和稳定血压，达到有效减压、抗压和强化脑力的效果。

选购要点

果粒硕大，果型正常，皮上茸毛健康，熟度适中，果肉微软有弹性，无冻伤、压伤、腐烂者为佳。

100 克热量
61kcal

猕猴桃处理方法

1. 将猕猴桃横刀切成两半。
2. 用刀削去果皮，再切成圆片。
3. 将圆片切成小块，去除果芯。
4. 将果肉块平放在保鲜袋中，排出袋中空气，放入冷冻室中冷冻。

甜香思慕雪

水果与蔬菜的纯天然相遇，你可不要以为不同世界的人擦不出甜蜜火花，
下面就让你见识一下。

材料

猕猴桃·····················1 个

香蕉·····················1 根

黄瓜·····················1 根

薄荷叶·····················适量

制作

1 去皮的香蕉切片，装密封袋中，放进冰箱冷冻；洗净的黄瓜切成块。

2 备好榨汁机，倒入备好的食材，打碎，拌匀，倒入杯中，点缀薄荷叶即可。

猕猴桃青苹果思慕雪

解暑去火还又减肥一举多得，绿绿的色泽夏日里的一抹小清新。

材料

猕猴桃……………………1 个
青苹果……………………1 个

Point

这款思慕雪既综合了猕猴桃的酸涩又弥补了青苹果的单调。建议青苹果去皮榨更健康；果肉切块后用淡盐水泡 15 分钟再榨，可防止氧化变黑。

制作

① ② ③ ④

1 洗净的青苹果去核，切成块，装入密封袋中，再放进冰箱冷冻。

2 备好榨汁机，倒入冰冻猕猴桃，再倒入冰冻青苹果。

3 打开榨汁机开关，将食材打碎，搅拌均匀。

4 最后，将榨好的思慕雪倒入杯中即可。

火龙果

Dragon fruit

火龙果其营养成分中的水溶性膳食纤维具有防衰老、抗自由基和有效预防大肠癌的功能。另外，火龙果的铁质含量高，能制造血红蛋白、预防贫血；而花青素更能有效抗氧化，防止血管硬化，预防心脏病发作和脑中风症状；果肉中的维生素 C 更具有美白皮肤、促进肠胃蠕动的效益。

清热凉血，通便利尿

100 克热量
60kcal

🛒 选购要点

火龙果愈重代表汁多、果肉丰满，所以购买火龙果时应用手掂掂火龙果的重量，选择愈重的愈好。

火龙果处理方法

1. 火龙果对半切开，切成 4 份。
2. 将水果刀插入果皮内侧切去果皮。
3. 将果肉切成块。
4. 将果肉块平放在保鲜袋中，排出袋中的空气，再放入冷冻室中冷冻。

火龙果芒果思慕雪

水果的清香、口味和色泽多么具有诱惑力，水果的魅力无法阻挡，由内而外的洋溢着青春的气息！

材料

火龙果······················1个
芒果··························1个
薄荷叶·····················适量

制作

1 芒果对半切开，取果肉，切块，装入密封袋中，再放进冰箱冷冻。

2 备好榨汁机，倒入备好的食材，打碎，拌匀，倒入杯中，点缀薄荷叶即可。

火龙果蓝莓思慕雪

酷热的夏天，香喷喷的蓝莓香味始终萦绕左右，火龙果＋
蓝莓的绝搭组合，兼顾美味和养生，不得不爱的思慕雪。

材料

火龙果·················1 个
蓝莓·················100 克
薄荷叶·················适量

制作

①  ②

 ③  ④

1 洗净的火龙果切块，和蓝莓分别
装入密封袋中，再放进冰箱冷冻。

2 备好榨汁机，倒入冰冻火龙果，
再倒入冰冻蓝莓。

3 打开榨汁机开关，将食材打碎，
搅拌均匀。

4 将制作好的思慕雪倒入杯中，点
缀上薄荷叶即可。

西瓜

Watermelon

清热解暑，生津止渴

西瓜是消渴防暑的天然水果，也被称为"瓜中之王"，因其果肉中无脂肪，也没有胆固醇，所以是最安全的营养食品。西瓜能清凉解毒、利尿消炎、美容养颜，对人体益处很多，可治疗一切热症、消除暑热、预防中暑，改善口腔发炎，还能消除酒醉，预防肾脏病、高血压和动脉硬化。

🛒 **选购要点**

果柄新鲜，表皮纹路扩散，才是成熟、甜度高的果实，用手拍会有清脆响声。

100 克热量
26kcal

西瓜处理方法

1.将西瓜切成厚度约 2 厘米的片状。

2.将水果刀插入果皮和果肉之间，切去果皮。

3.去除西瓜籽后切成块状。

4.将果肉块平放在保鲜袋中，排出袋中的空气，再放入冷冻室中冷冻。

西瓜桃子思慕雪

暑假期间,最常见的是出游,咦! 还能带上思慕雪出游哦!

材料

西瓜⋯⋯⋯⋯⋯⋯120克
桃子⋯⋯⋯⋯⋯⋯1个
薄荷叶⋯⋯⋯⋯⋯适量

制作

1 洗净的桃子去核,切成块,装入密封袋中,再放进冰箱冷冻。

2 备好榨汁机,倒入备好的食材,打碎,拌匀,倒入杯中,点缀薄荷叶即可。

西瓜芹菜思慕雪

夏天，西瓜绝对是餐桌上的主要水果，西瓜水分比较多，
用来做思慕雪，非常好喝哦。

材料

西瓜·················120 克
芹菜·················80 克
薄荷叶···············适量

Point
西瓜籽一定要挑干净，不要有
种子，无籽西瓜最好。

制作

① ② ③ ④

1 洗净的芹菜切成段。

2 备好榨汁机，倒入冰冻西瓜，加
入芹菜。

3 打开榨汁机开关，将食材打碎，
搅拌均匀。

4 将榨好的思慕倒入杯中，点缀上
西瓜片和薄荷叶即可。

哈密瓜

Hami melon

舒缓神经，增强免疫力

哈密瓜可清凉消暑、解除烦热，是夏季解暑的佳品。其主要成分包括果糖、葡萄糖和蔗糖在内的糖类，人体吸收这些糖的速度很快，食用后即可获得能量，迅速增强活力。哈密瓜可消除浮肿，清热通便，利尿解渴，适用于发热、水肿、便秘等症。

🛒 选购要点

选购时，首先看颜色，应选择色泽鲜艳的，成熟的哈密瓜色泽比较鲜艳；其次闻瓜香，成熟的有瓜香，未熟的无香味较小；最后，摸软硬，成熟的坚实而微软，太硬的没熟，太软的则过熟。

100 克热量
34kcal

哈密瓜处理方法

1.将哈密瓜竖着切成两半，用汤匙掏去哈密瓜籽。

2.再竖着分别切 4 块，切去果皮。

3.将果肉切成厚度为 2 厘米的小块。

4.将果肉块平放在保鲜袋中，排出袋中的空气，再放入冷冻室中冷冻。

1　2　3　4

哈密瓜荔枝思慕雪

既减肥又排毒养颜的思慕雪，正适合节后减肥的人啊。

材料

哈密瓜…………120克
荔枝……………100克

制作

1 洗净的荔枝去皮，去核，装入密封袋中，再放进冰箱冷冻。

2 备好榨汁机，倒入备好的食材，将食材打碎，拌匀，倒入杯中即可。

青柠檬

Green lemon

化痰止咳，生津

青柠檬具有高度碱性，含有维生素 C、维生素 E 以及橘酸、膳食纤维和矿物质，对于人体的血液循环以及钙质的吸收有相当大的助益。橘酸能加速肌肉中的乳酸代谢，可美化肌肤、淡化斑点，预防体内的疲劳物质堆积；其中钙质有强化骨骼结构和代谢的功效，与柠檬酸结合，更能提高体内钙质的吸收率，增加骨质密度。

100 克热量
37kcal

🛒 选购要点

呈黄绿色，没有病斑，有弹性，香味浓，愈重愈好。

青柠檬处理方法

1.将青柠檬用清水洗净。
2.将洗净后的青柠檬切去果蒂。
3.再切成厚薄均匀的薄片。
4.将青柠檬片平放在保鲜袋中，排出袋中空气，放入冷冻室中冷冻。

清香思慕雪

夏天聚会，少不了要喝思慕雪，自己做有营养而健康的饮品岂不是更好。

（ 材 料 ）

百香果·················1个

芒果·····················1个

青柠檬·················1个

绿茶、薄荷叶········适量

（ 制 作 ）

1 百香果对半切开，取出果肉；芒果去皮，切块；青柠檬挤压出果汁。

2 备好榨汁机，倒入备好的食材，打碎，拌匀，倒入杯中，点缀薄荷叶即可。

蜜橘

Mandarin orange

舒肝，健脾和胃

蜜橘含有丰富的维生素 C，具有预防感冒和美容的功效。同时还富含有助于缓解疲劳的柠檬酸，以及强化血管的维生素 P。冷冻时保留橘络，制成果饮饮用，可以帮助人体摄取丰富的膳食纤维。

🛒 选购要点

表皮粗糙、有大颗粒的，皮都比较厚，压秤还不甜；表皮平滑的，一般橘皮不厚，所以都比较甜。

100 克热量
45kcal

蜜橘处理方法

1.将蜜橘掰成两半。

2.剥去蜜橘果皮。

3.再将果肉掰成一瓣一瓣备用。

4.将果肉块平放在保鲜袋中，排出袋中的空气，再放入冷冻室中冷冻。

双色思慕雪

炎热的夏日每天来上一杯思慕雪既消暑，又是美白神器。

材料

蜜橘·················120 克
猕猴桃·················1 个

制作

1 去皮的猕猴桃切成块。

2 备好榨汁机，先倒入蜜橘，打成泥，装入杯中

三分之二处。在洗净的榨汁机中倒入猕猴桃，打成泥，倒入杯中，点缀上蜜橘即可。

蜜橘柠檬思慕雪

自制夏季清凉思慕雪，无添加剂，现做现喝保证新鲜。

材料

蜜橘··················100 克
柠檬··················1 个
生姜··················30 克
蜂蜜··················10 克

Point

要去除干净橘瓣上的白膜和橘络以及橘皮内侧的白膜，否则思慕雪会很苦涩。

制作

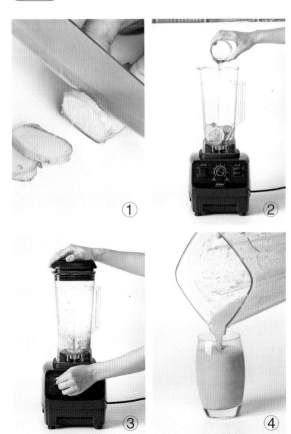

① ② ③ ④

1. 洗净的柠檬切成片；洗净的生姜，切成片。

2. 备好榨汁机，倒入冰冻蜜橘，再倒入冰冻柠檬，加入生姜，倒入蜂蜜。

3. 打开榨汁机开关，将食材打碎，搅拌均匀。

4. 最后，将制作好的思慕雪倒入杯中即可。

橙子
Orange

美容抗衰老，清肠通便

橙子中丰富的维生素 C 和维生素 P，善疏肝理气，能增强机体抵抗力，增加毛细血管弹性，还能将脂溶性有害物质排出体外。经常食用有益人体，还有醒酒功能。维生素 C 还可抑制胆结石的形成，因此常食橙子可降低胆结石的发病率。

🛒 **选购要点**

选购橙子时，可用湿纸巾在橙子表面擦一擦，如果上了色素，会在纸上留下颜色。橙子并不是越光滑越好，进口橙子往往表皮破孔较多，比较粗糙，而经过"美容"的橙子非常光滑，几乎没有破孔。

100 克热量
48kcal

橙子处理方法

1. 首先切去橙子头尾。
2. 再用刀切去果皮。
3. 将果肉切成两半后，再切成小块，最后去籽。
4. 将果肉块平放于保鲜袋中，排出袋中空气，放入冷冻室冷冻。

蜜桃香橙思慕雪

春天来了，夏天还会远吗？气温回升，天气越来越热，喝思慕雪是个不错的选择。

材料

蜜桃··················1个

香橙··················1个

金橘··················60克

制作

1 洗净的蜜桃去核，切成块；洗净的金橘对半切开，去籽。

2 备好榨汁机，倒入备好的食材，将食材打碎，拌匀，倒入杯中即可。

阳光橙香思慕雪

橙子与菠萝的结合，新鲜可口，纯天然无添加，喝得放心。

材料

橙子······················1 个
菠萝·····················100 克

Point

菠萝一定要用淡盐水泡。这样
不仅会使口感更好，还不容易
过敏。

制作

①

②

1 去皮的菠萝切成块。

2 备好榨汁机，倒入冰冻橙子，再
倒入冰冻菠萝。

3 打开榨汁机开关，将食材打碎，
搅拌均匀。

4 最后，将制作好的思慕雪倒入杯
中即可。

③

④

香蕉
Banana

香蕉的维生素 B 含量高，能够舒缓神经系统，稳定情绪，减轻压力感，达到镇静效果。其中钾能降低体内钠离子摄取量，使血压降低；丰富的果胶和膳食纤维促进消化，保持肠道健康，协助肠内环境净化；其生物碱能提振精神、增加信心，食用香蕉后能迅速补充体力，提高免疫力。

解除忧郁，清肠通便

🛒 **选购要点**

以果实肥大、果皮外缘棱线不明显、明亮饱满、表面有棕色斑点者为佳。

100 克热量
93kcal

香蕉处理方法

1. 切除香蕉头尾，剥去外皮。
2. 将香蕉横切成 1 厘米厚的圆片。
3. 备好冷冻保鲜袋，装入切好的香蕉片。
4. 排出袋中空气，再放入冷冻室中冷冻。

香蕉草莓思慕雪

早上一杯香蕉草莓思慕雪提供满满的能量，还能补铁。

材料

香蕉·····················1根
草莓·····················120克

制作

1 洗净的草莓去蒂，再切成片。

2 备好榨汁机，倒入备好的食材，将食材打碎，拌匀，倒入杯中即可。

111

芒果
Mango

益胃止呕，解渴利尿

芒果果肉富含纤维，香味四溢，其中的芒果酮酸，有抗菌消炎、防癌抗癌作用；芒果的维生素C含量高，可对抗自由基、提高身体免疫力，同时又有美容养颜功效。芒果富含维生素A，能有效维持正常视力、激发肌肤的细胞活力、润泽肌肤、并排出皮肤的废弃物，重现肌质活力。

🛒 选购要点

挑选完整、丰满，新鲜有弹性，无腐烂、压伤者为佳。

100 克热量
35kcal

芒果处理方法

1.竖着将芒果切成大块，注意不要切到芒果核。

2.将水果刀插入果皮内侧切去果皮。

3.将果肉切成边长为2厘米的方块。

4.将果肉块平放在保鲜袋中，排出袋中的空气，再放入冷冻室中冷冻。

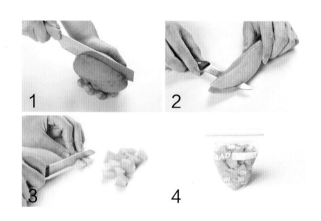

芒果橙子思慕雪

热带洋气水果综合思慕雪！把这些水果搭配放在一起打成思慕雪，冰冻后很适合夏天。

材料

芒果……………………1个

橙子……………………1个

蓝莓、薄荷………各适量

制作

1 去皮的橙子切成块；蓝莓放清水洗净。

2 备好榨汁机，倒入备好的食材，打碎，拌匀，倒入杯中，点缀上蓝莓和薄荷叶即可。

芒果酸奶思慕雪

芒果与酸奶的组合，酸香开胃，增添元气。

材料

芒果··················1 个
酸奶··················60 克

制作

1 备好榨汁机，倒入冰冻芒果。

2 再倒入酸奶。

3 打开榨汁机开关，将食材打碎，搅拌均匀。

4 将制作好的思慕雪倒入杯中，点缀上芒果丁即可。

① ② ③ ④

菠萝
Pineapple

清热解暑，生津止渴

菠萝中的维生素 C 含量高于苹果，又含有酵素蛋白酶可以分解蛋白质与肉质纤维，故可降低血脂，促进人体蛋白质的吸收和消化。菠萝中的柠檬酸和锰能迅速消除疲劳，促进钙质吸收，预防骨质疏松症状，并有效补充钙质；富含的果胶能调整肠胃，也可改善腹泻、消化不良的现象。

100 克热量
44kcal

🛒 选购要点

选择大而重、上尖下宽、鳞粗者，色泽由基部朝冠芽逐渐由绿转黄。

菠萝处理方法

1. 用刀切去菠萝叶部分。
2. 竖着将菠萝切成四块，切去偏硬的果芯。
3. 再切成厚度约为 2 厘米的小块。
4. 将果肉块平放在保鲜袋中，排出袋中的空气，放入冷冻室冷冻。

1 2 3 4

菠萝橙子思慕雪

夏日防晒，迅速恢复疲劳。

材料

菠萝·················100克
橙子·····················1个
生姜·················20克
迷迭香·················适量

制作

1. 去皮的橙子切成块；洗净的生姜切成片。

2. 备好榨汁机，倒入备好的食材，打碎，拌匀，倒入杯中，点缀上迷迭香即可。

草莓
Strawberry

健脾和胃，补血益气

草莓的营养素容易被人体吸收；含有胡萝卜素，有保健眼睛的功效；又有丰富的维生素C，能补血、改善牙龈出血、预防贫血和心血管疾病，而且还能抗氧化，防止动脉硬化。草莓对皮肤、头发也有相当好的滋养功能；还富含水杨酸，可以消炎、镇痛，是极好的养颜圣品。

🛒 选购要点

果蒂新鲜呈深绿色，果实鲜艳有光泽即是良品。若是蒂头周围的果肉呈白色，则是未成熟。

100 克热量
32kcal

草莓处理方法

1. 洗净后的草莓拔去果蒂。
2. 用刀将草莓底部切去。
3. 再切成厚薄均匀的薄片。
4. 将草莓片平放在保鲜袋中，排出袋中空气，放入冷冻室中冷冻。

草莓柠檬思慕雪

午后清风徐徐，听着音乐，看一本书，再来一杯香浓的草莓柠檬思慕雪，多么惬意。

材料

草莓······················120 克
柠檬·······················1 片
薄荷叶·····················适量

制作

1 备好榨汁机，倒入冰冻草莓。

2 打开榨汁机开关，将食材打碎，拌匀，倒入杯中，点缀上柠檬片和薄荷叶即可。

少女心思思慕雪

一个人的日子，更要活得有腔调！

材料

草莓……………100 克
树莓……………40 克
酸奶……………60 克
薏米爆米花………适量

Point

可在思慕雪中加点蜂蜜或者糖，味道更为香甜。这种做出来的思慕雪一定要现做现吃，而且一次要吃完，因为打碎的草莓、树莓在酸奶里非常容易氧化。

制作

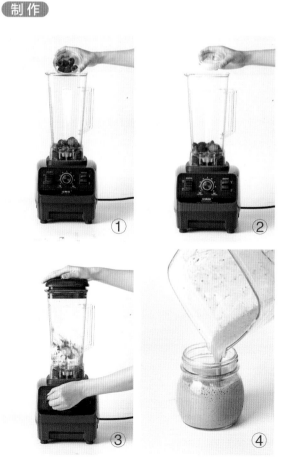

① ② ③ ④

1 备好榨汁机，倒入冰冻草莓。

2 再倒入冰冻树莓，加入酸奶。

3 打开榨汁机开关，将食材打碎，搅拌均匀。

4 将制作好的思慕雪倒入杯中，点缀上树莓和薏米爆米花即可。

蓝莓
Blueberry

祛除色斑，
美白肌肤

蓝莓中含有花青素，具有活化视网膜的功效，可以强化视力，防止眼球疲劳。蓝莓能够抗氧化，对人体上皮细胞有增生作用，从而可以达到美容养颜的功效。蓝莓中果胶和维生素C的含量很高，能有效降低胆固醇、增强心脏功能，防止动脉粥样硬化，预防癌症和心脏病。

🛒 选购要点

以果实精致，干性，饱满，表皮细滑，相对来说不带树叶和梗的为佳。

100 克热量
57kcal

蓝莓处理方法

1. 将蓝莓用清水洗净。
2. 用毛巾擦干表面水分。
3. 用刀将蓝莓对半切开。
4. 将果肉平放在保鲜袋中，排出袋中的空气，再放入冷冻室中冷冻。

蓝莓香蕉思慕雪

味道口感酸甜，能够缓解眼睛疲劳。

材料

蓝莓⋯⋯⋯⋯⋯100克
香蕉⋯⋯⋯⋯⋯1根
椰蓉⋯⋯⋯⋯⋯适量

制作

1 去皮的香蕉切成片。

2 备好榨汁机，倒入备好的食材；打开榨汁机开关，将食材打碎，搅拌均匀，倒入杯中，点缀上椰蓉即可。

双莓思慕雪

原汁原味的水果混合汁，不加一滴水，不仅口感丰富，还营养多多哦!

材料

蓝莓·················60 克
草莓·················100 克

Point

水果的选择范围很广，但是猕猴桃最好不要用，因猕猴桃内有许多籽，喝起来像沙子。

制作

① ② ③ ④

1 洗净的草莓去蒂，对半切开。

2 备好榨汁机，倒入冰冻蓝莓，再倒入冰冻草莓。

3 打开榨汁机开关，将食材打碎，搅拌均匀。

4 最后，将制作好的思慕雪倒入杯中即可。

葡萄

Grape

开胃健脾，
助消化

葡萄果肉香甜多汁，并含有大量葡萄糖，属于高热量水果，多吃葡萄有助缓和记忆力减退、老人痴呆的现象。其中所含的白藜芦醇的营养成分可清除坏的胆固醇、防止心肌梗塞、预防动脉硬化，是非常强效的抗氧化物质。葡萄中的膳食纤维和果酸能健全肠胃功能、帮助消化、促进体内废物排出。

🛒 选购要点

果粒大小均匀，颈部无茶色斑点者为佳。

100 克热量
44kcal

葡萄处理方法

1. 将葡萄果粒分别摘下后去皮。
2. 用刀对半切开后除去葡萄籽。
3. 再将葡萄切成小块。
4. 将果肉块平放于保鲜袋中，排出袋中的空气，再放入冷冻室中冷冻。

1

2

3

4

紫魅思慕雪

自己用榨汁机做的思慕雪，酸甜适口，好吃又健康。

葡萄·················100 克
桑葚·················50 克

1 将桑葚放入清水中洗净。

2 备好榨汁机，倒入备好的食材；打开榨汁机开

关，将食材打碎，搅拌均匀，倒入杯中即可。

青提子

Green raisins

止咳除烦，补益气血

青提子能降低人体血清胆固醇水平，并可降低血小板的凝聚力，对预防心脑血管病有一定功效和作用。青提子可以缓解衰老症状，其内强力抗氧化元素可抵抗衰老，提高人体免疫力，给人带来青春活力。青提子还具有抗癌作用，能有效防止癌细胞的扩散，阻止细胞癌变的可能。

100 克热量
52kcal

🛒 选购要点

品质好的青提子，果形一致，大小均匀，整挂无散粒，拿在手里较硬，口感脆甜。

青提子处理方法

1. 将青提子用清水洗净。
2. 用刀对半切开。
3. 除去葡萄籽。
4. 将果肉块平放于保鲜袋中，排出袋中的空气，再放入冷冻室中冷冻。

绿色生机思慕雪

青提子和猕猴桃的清香味盖过了蔬菜的味道，微微的甜味让人有沁人心脾的感觉，每天一杯思慕雪，天天排毒减肥又养颜。

材料

青提子	60克
猕猴桃	1个
黄瓜	1根
香菜	适量

制作

1 去皮的猕猴桃切成块；洗净的黄瓜切成块。

2 备好榨汁机，倒入备好的食材，将食材打碎，拌匀，倒入杯中即可。

PART 04

其他·拥有不同风味的思慕雪

有益于身体健康的牛奶、豆腐、杏仁，搭配水果、香料等调制而成的混合果饮。大口喝到的美味，利于维持人体健康的元素，不同凡响的一杯，让人感觉无比满足。

牛奶 Milk

镇定安神，美容

牛奶具有补肺养胃、生津润肠之功效，对人体具有镇静安神的作用，对糖尿病久病、口渴便秘、体虚、气血不足、脾胃不和者有益；牛奶中的碘、锌和卵磷脂能大大提高大脑的工作效率；镁元素会促进心脏和神经系统的耐疲劳性；牛奶还有消炎、消肿及缓和皮肤紧张的功效。

100 克热量
54kcal

🛒 选购要点

新鲜乳（消毒乳）呈乳白色或稍带微黄色，有新鲜牛乳固有的香味，无异味，呈均匀的流体，无沉淀，无凝结，无杂质,无异物,无粘稠现象。

牛奶注意搭配

喝牛奶时，或是刚喝过牛奶以后，不要食用橘子这类的酸性水果及酸性果汁。因牛奶中的蛋白质与酸性水果中的果酸极易发生凝固反应，这样会影响人体对牛奶的消化吸收。喝完牛奶后，至少要一个小时以后再吃橘子这类的酸性水果或酸性果汁。

香醇思慕雪

稳定血压，促进消化吸收。

材料

去核杏仁…………80克
黑芝麻…………20克
牛奶…………100毫升

制作

1 备好榨汁机，倒入杏仁。

2 加入黑芝麻，倒入牛奶。

3 打开榨汁机开关，将食材打碎，搅拌均匀，倒入杯中即可。

白巧克力牛奶思慕雪

喝起来有点像香浓的咖啡，口感更丰富、顺滑。

材料

牛奶·············100 毫升
白巧克力···········80 克
薄荷叶·················少许

制作

①

②

③

④

1 备好榨汁机，加入白巧克力。

2 再倒入牛奶。

3 打开榨汁机开关，将食材打碎，搅拌均匀。

4 最后，将制作好的思慕雪倒入杯中，点缀上薄荷叶即可。

酸奶 Yoghourt

预防便秘，提高免疫力

酸奶能抑制肠道腐败菌的生长，还含有可抑制体内合成胆固醇还原酶的活性物质，又能刺激机体免疫系统，调动机体的积极因素，有效地抗御癌症。所以，经常食用酸奶，可以增加营养，防治动脉硬化、冠心病及癌症，降低胆固醇。

100 克热量
72kcal

🛒 选购要点

酸奶主要分为益生菌酸奶和普通酸奶。益生菌酸奶除了具有普通酸奶的营养价值外，其中含有的活性乳酸菌还有利于调节人体肠道微生物的平衡。但益生菌一定要达到足够的活菌数，才能起到足够的保健作用。

酸奶注意事项

制作酸奶时不可用电饭锅的保温档进行发酵，因为保温的温度过高。保温发酵时，电饭锅必须断电。如果在冬天制酸奶，可以把瓷杯放在暖气上发酵。

牛油果酸奶思慕雪

有奶香，还有牛油果的清香，口感和气味都不错，营养丰富制作简单。

材料

牛油果⋯⋯⋯⋯⋯⋯1个
酸奶⋯⋯⋯⋯⋯100毫升
柠檬⋯⋯⋯⋯⋯⋯1片

制作

1 去皮的牛油果切成块，装入密封袋中，再放进冰箱冷冻。

2 备好榨汁机，倒入备好的食材；打碎，拌匀，倒入杯中，点缀上柠檬片即可。

超简酸奶思慕雪

用草莓和酸奶简单地混合，做成的草莓酸奶思慕雪，清甜滋润，淡淡的草莓香味，沁入心扉。

材料

草莓·················· 120 克
酸奶·················· 50 毫升

Point

草莓，如果你买的是比较酸的，别忘了再调入一些甜味儿，比如糖、炼乳、蜂蜜等，否则味道会太酸。

制作

①

②

③

④

1 洗净的草莓去蒂，对半切开，装入密封袋中，再放进冰箱冷冻。

2 备好榨汁机，倒入冰冻草莓，再倒入酸奶。

3 打开榨汁机开关，将食材打碎，搅拌均匀。

4 最后，将制作好的思慕雪倒入杯中即可。

豆腐
Bean curd

清热润燥，生津止渴

豆腐为补益清热养生食品，常食可补中益气、清热润燥、生津止渴、清洁肠胃。更适于热性体质、口臭口渴、肠胃不清、热病后调养者食用。豆腐除有增加营养、帮助消化、增进食欲的功能外，对齿、骨骼的生长发育也颇为有益，在造血功能中可增加血液中铁的含量。

🛒 选购要点

豆腐本身的颜色是略带点微黄色，如果色泽过于死白，有可能添加漂白剂，则不宜选购。此外，豆腐是高蛋白质的食品，很容易腐败，尤其是自由市场卖的板豆腐是盒装豆腐易遭到污染，应多加留意。

100 克热量
82kcal

豆腐饮食禁忌

据一些营养与卫生专家分析，豆腐中含有大量钙质，食用过量很可能在体内产生沉淀，导致结石。据说过去和尚火化后遗留的"舍利子"就是钙质积存过多的现象，而和尚是消耗豆腐最多的人。

豆腐草莓思慕雪

当豆腐爱上草莓制作出豆腐草莓思慕雪，浓郁豆香味包裹草莓，思慕雪入口，薄薄的冰沙凭借着舌尖的温度满满融化在口中，让人更多的品尝到沁人的冰爽以及豆香甜蜜。

材料

草莓··················50 克
豆腐··················100 克
薄荷叶··················少许

制作

1 洗净的草莓去蒂，对半切开，装密封袋，放进冰箱冷冻；豆腐切块。

2 备好榨汁机，倒入备好的食材，将食材打碎，拌匀，倒入杯中，点缀上草莓和薄荷叶即可。

豆腐蓝莓思慕雪

新鲜水果与豆腐、燕麦片混合而成的思慕雪，口感浓郁，
而且甜而不腻。

材料

蓝莓·················· 50 克
豆腐·················· 80 克
燕麦片··············· 30 克

制作

① ② ③ ④

1 洗净蓝莓，装入密封袋中，再放
进冰箱冷冻；洗净豆腐，切成块。

2 备好榨汁机，倒入冰冻蓝莓，再
倒入豆腐，加入燕麦片。

3 打开榨汁机开关，将食材打碎，
搅拌均匀。

4 最后，将制作好的思慕雪倒入杯
中，点缀上蓝莓和燕麦片即可。

红豆

Ormosia

健脾益胃，利尿消肿

红豆有清心养神、健脾益肾功效，加入莲子、百合更有固精益气、止血、强健筋骨等作用，能治肺燥、干咳，提升内脏活力，增强体力。红豆含有较多的皂角甙，可刺激肠道，因此它有良好的利尿作用，能解酒、解毒，对心脏病和肾病、水肿有益。

100 克热量
324kcal

🛒 选购要点

红豆有没有生虫一眼就可以看出，如果生虫了，会有很多虫屎等小颗粒；然后看颗粒大小，均匀饱满的为上品；再看色泽，如果是去年或前年等不新鲜的红豆，它的红色不鲜艳很干涩，或像什么东西褪了色。

注意事项

红豆煮汁食之通利力强，消肿通乳作用效果不错，但久食红豆则令人黑瘦结燥；阴虚而无湿热者及小便清长者忌食红豆；被蛇咬者百日内忌红豆。

红豆之恋思慕雪

超简单的夏季冷饮杯，远离各色添加剂，自制健康冷饮。

材料

红豆··················80克

葡萄··················60克

蓝莓··················50克

薄荷叶················适量

制作

1. 红豆洗净，放锅中煮至熟软；葡萄对半切开，去籽；蓝莓洗净，均装密封袋，放冰箱冷冻。

2. 备好榨汁机，倒入备好的食材，打碎，拌匀，倒入杯中，点缀上薄荷叶即可。

红豆牛奶思慕雪

可让人在美丽的夏日午后，拥有一段轻松畅快的休闲时光。

材料

红豆··················· 120 克
牛奶··················· 80 毫升
巧克力碎、薄荷叶各少许

Point

甜甜软软的红豆，混合入口即化的牛奶，还可以用酸奶代替纯牛奶，这样做成的就是红豆酸奶思慕雪啦！

制作

1 洗净的红豆放沸水锅中，煮至熟软，过凉水，待用。

2 备好榨汁机，倒入红豆，再倒入牛奶。

3 打开榨汁机开关，将食材打碎，搅拌均匀。

4 最后，将制作好的思慕雪倒入杯中，点缀上巧克力碎和薄荷叶即可。

黑豆

Black beans

养颜美容，改善便秘

黑豆中含有丰富的维生素 E，维生素 E 也是一种抗氧化剂，能清除体内自由基，减少皮肤皱纹，保持青春健美。黑豆皮为黑色，含有花青素，花青素是很好的抗氧化剂来源，能清除体内自由基，尤其是在胃的酸性环境下，抗氧化效果好，养颜美容，增加肠胃蠕动。

🛒 选购要点

选购黑豆时，以豆粒完整、大小均匀、颜色乌黑者为好。由于黑豆表面有天然的蜡质，会随存放时间的长短而逐渐脱落，所以，表面有研磨般光泽的黑豆不要选购。

100 克热量
401kcal

注意事项

不宜多食炒熟后的黑豆，主要由于其热性大，多食易上火，尤其是小儿不宜多食。此外，黑豆也不宜与蓖麻子、厚朴同食。

黑豆牛奶思慕雪

抗衰老，美容护发，改善便秘。

材料

黑豆·················· 30 克
牛奶·················· 50 毫升
燕麦片·············· 40 克
薄荷叶·············· 少许

制作

1 洗净的黑豆放沸水锅中，煮至熟软，过凉水，待用。

2 备好榨汁机，倒入备好的食材，打碎，拌匀，倒入杯中，点缀上燕麦片和薄荷叶即可。

豆美味思慕雪

三种食材制成思慕雪，营养丰富，早餐一杯能量满满。

材料

黑豆······················50 克
黄豆······················60 克
花生······················40 克
香蕉······················少许

Point
各材料比例可以随自己喜好任意调整，饮用时可以根据自己口味加糖调味。

制作

1 洗净的黑豆、黄豆、花生分别放入沸水锅中，煮至熟软，过凉水，待用。

2 备好榨汁机，倒入黑豆，再倒入黄豆，加入花生。

3 打开榨汁机开关，将食材打碎，搅拌均匀。

4 最后，将制作好的思慕雪倒入杯中，点缀上香蕉片即可。

杏仁 Almond

滋养皮肤，护发养发

杏仁含有丰富的脂肪油，有降低胆固醇的作用，因此，杏仁对防治心血管系统疾病有良好的作用。杏仁具有生津止渴、润肺定喘的功效，常用于肺燥喘咳等患者的保健与治疗。杏仁中所富含的多种营养素，比如维生素 E、单不饱和脂肪和膳食纤维共同作用，能够有效降低心脏病的发病危险。

🛒 选购要点

核仁形状长而瘦，表面呈深黄色，核壳相对较薄，开口率高，口感甜而脆，挑选时形状规整、大小一致、色泽均匀为好。

100 克热量
578kcal

注意事项

杏仁不宜多吃，否则易中毒。这是由于杏仁含有一种杏仁甙，在酶和酸作用下，可水解为葡萄糖、苯甲醛和剧毒的氢氰酸。这种剧毒的氢氰酸被人体吸收后，与组织细胞含铁呼吸酶结合，使细胞无法利用氧气，人体会因此造成缺氧，轻者头痛、头晕，重者会出现腹痛、腹泻等症，严重者还会因呼吸中枢麻痹而死亡。

杏仁蔬果思慕雪

为了营养均衡,早餐最好要吃粗粮、水果、牛奶等,今天偷懒把它们搅打成一杯思慕雪,好吃还营养!

材料

南瓜·················40克
苹果·················1个
牛奶·················60毫升
核桃仁、杏仁·各20克
椰蓉·················适量

制作

1. 去皮的南瓜切块;洗净的苹果去核,切块,装入密封袋中,再放进冰箱冷冻。

2. 备好榨汁机,倒入备好的食材,打碎,拌匀,倒入杯中,点缀上核桃仁、杏仁、椰蓉即可。

153

开心果

Pistachio

滋润肌肤，改善视力

开心果味甘无毒，温肾暖脾，补益虚损，调中顺气，能治疗神经衰弱、浮肿、贫血、营养不良、慢性泻痢等症。开心果果仁可药用，对心脏病、肝炎、及胃炎和高血压等疾病均有疗效。开心果中还含有丰富的油脂，因此有润肠通便的作用，有助于机体排毒。

100 克热量
614kcal

🛒 选购要点

开心果的果实颜色绿色的比黄色的好，天然的外壳颜色是淡黄色，如果你看到是白色，那很有可能是商家用双氧水等化学药剂漂白的，最好不要购买。

注意事项

开心果富含蛋白质、油脂、矿物质和维生素，其营养相对比一般食品全面。孕妇和产妇吃开心果，可以适量补充营养物质，更利于营养均衡、增强体质、预防疾病。不过多食易造成消化不良。

154

开心果香蕉思慕雪

大爱思慕雪，自己做，健康美味。

材料

香蕉......................2根
开心果................50克
薄荷叶..................少许

制作

1 去皮的香蕉切片，装密封袋，再放进冰箱冷冻；开心果去壳，取果肉。

2 备好榨汁机，倒入备好的食材，打碎，拌匀，倒入杯中，点缀上香蕉片和薄荷叶即可。

肉桂粉

Ground cinnamon

开胃健脾，补脾益气

肉桂粉具有补火助阳、引火归源、散寒止痛、活血通经的功效；可用于阳痿、宫冷、腰膝冷痛、肾虚作喘、阳虚眩晕、目赤咽痛、心腹冷痛、虚寒吐泻、寒疝、经闭、痛经等症。

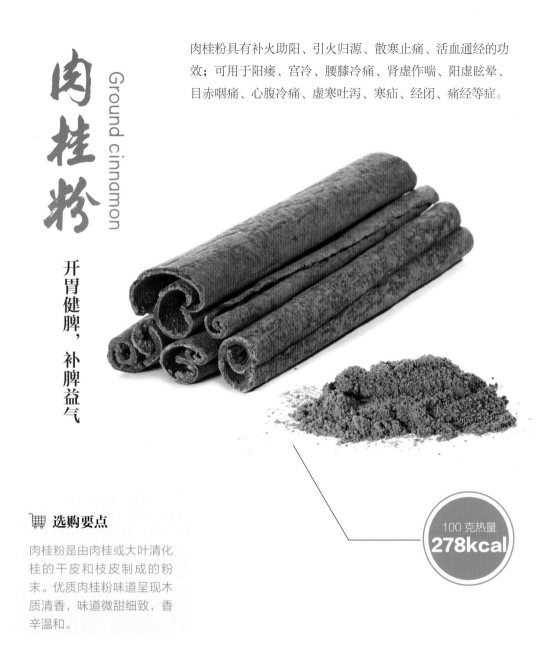

🛒 **选购要点**

肉桂粉是由肉桂或大叶清化桂的干皮和枝皮制成的粉末。优质肉桂粉味道呈现木质清香，味道微甜细致，香辛温和。

100 克热量
278kcal

注意事项

肉桂直接磨成粉就是肉桂粉，加入少量食用油炒干再现磨气味最佳。咖啡加肉桂粉，一是能使其更加香甜醇厚，二是有装饰作用，一般适用于卡布奇诺。

肉桂南瓜思慕雪

将肉桂与南瓜相配，做成思慕雪，它那令人愉悦的甜味和神奇的暖身功效，让喝的人不禁爱上。

材料

南瓜·····················200克

肉桂粉·····················适量

制作

1 洗净去皮的南瓜切块。

2 备好榨汁机，倒入南瓜；打开榨汁机开关，将食材打碎，搅拌均匀，倒入杯中，点缀上肉桂粉即可。

抹茶粉
Matcha

抗氧化，减肥

抹茶粉具有良好的抗氧化和镇静作用，可减轻疲劳。抹茶粉中含有维生素 C 及类黄酮，其中的类黄酮能增强维生素 C 的抗氧化功效。抹茶粉可增加体液、营养和热量的新陈代谢，强化微血管循环，减少脂肪沉积体内。

100 克热量
367kcal

🛒 选购要点

纯天然抹茶粉，色泽越绿，档次越高，黄绿的档次越低；抹茶粉通常是越细越好；档次越高的抹茶粉，香气越清香，高雅，无杂味，滋味更鲜爽。

食用技巧

抹茶饮用基本的方法是先在茶碗中放入少量抹茶，加入少量温（不是沸腾）水，然后搅拌均匀（传统上使用茶筅）。抹茶除了以热水冲泡外，有的人也会加入酪乳中，以整肠健胃，促进新陈代谢。

抹香思慕雪

真的超级好喝又解暑，冰冰凉凉，而且抹茶味十足！

材料

牛油果⋯⋯⋯⋯⋯2个
酸奶⋯⋯⋯⋯100毫升
抹茶粉⋯⋯⋯⋯适量

制作

1 去皮的牛油果切成块，装入密封袋中，再放进冰箱冷冻。

2 备好榨汁机，倒入备好的食材，将食材打碎，拌匀，倒入杯中即可。

香蕉牛奶思慕雪

当清清爽爽的抹茶遇上香醇浓滑的牛奶，又会是一次什么样的碰撞？爱上抹茶牛奶，让人一喝难忘。

材料

香蕉⋯⋯⋯⋯⋯1根
牛奶⋯⋯⋯⋯⋯60毫升
抹茶粉、薄荷叶各少许

制作

1 去皮的香蕉切成片，装入密封袋中，再放进冰箱冷冻。

2 备好榨汁机，倒入备好的食材，打碎，拌匀，倒入杯中，点缀上抹茶粉和薄荷叶即可。